住房城乡建设部土建类学科专业『十三五』规划教材
全国住房和城乡建设职业教育教学指导委员会
建筑与规划类专业指导委员会规划推荐教材

环境艺术表现技法

（环境艺术设计专业适用）

季 翔 蒋德平 编著

中国建筑工业出版社

图书在版编目（CIP）数据

环境艺术表现技法/季翔，蒋德平编著. —北京:中国建筑工业出版社，2018.6
住房城乡建设部土建类学科专业"十三五"规划教材. 全国住房和城乡建设职业教育教学指导委员会建筑与规划类专业指导委员会规划推荐教材（环境艺术设计专业适用）
ISBN 978-7-112-22340-4

Ⅰ.①环… Ⅱ.①季…②蒋… Ⅲ.①环境设计－职业教育－教材 Ⅳ.①TU-856

中国版本图书馆CIP数据核字（2018）第125632号

本教材为住房城乡建设部土建类学科专业"十三五"规划教材、全国住房和城乡建设职业教育教学指导委员会建筑与规划类专业指导委员会规划推荐教材。教材内容共分4个单元：手绘表现技法的发展概况、手绘表现技法的基础练习、空间透视的把握与运用、作品学习。适用于环境艺术设计、建筑设计、风景园林设计、建筑室内设计等专业，也可作为从事模型设计制作人员的参考用书。
为更好地支持本课程的教学，我们向使用本书的教师免费提供教学课件，有需要者请与出版社联系，邮箱：cabp_gzhy@163.com。

责任编辑：杨　虹　尤凯曦
责任校对：刘梦然

住房城乡建设部土建类学科专业"十三五"规划教材
全国住房和城乡建设职业教育教学指导委员会建筑与规划类专业指导委员会规划推荐教材

环境艺术表现技法
（环境艺术设计专业适用）

季　翔　蒋德平　编著
＊
中国建筑工业出版社出版、发行（北京海淀三里河路9号）
各地新华书店、建筑书店经销
北京雅盈中佳图文设计公司制版
北京京华铭诚工贸有限公司印刷
＊
开本：787×1092毫米　1/16　印张：7　字数：147千字
2018年8月第一版　2018年8月第一次印刷
定价：28.00元（赠课件）
ISBN 978-7-112-22340-4
（32214）

前　言

设计改变世界，创意改变生活。随着信息技术的迅猛发展，效果图的表现形式从原先单一的手绘变得越来越丰富，手绘作为一种传统的表现技法，应当是一个设计师必须具备的基本功底。但是，在当前的高等教育中，大学尽管设置了相应的手绘课程，但大多数学生会主观性地弱化对手绘的学习，注重选择设计软件、渲染工具作为效果图表现的主要工具。庆幸的是，在研究生招生考试、设计院所招考、录用时都会将手绘作为一项比较重要的技能进行考核。

手绘是一种快速反映个人创意的表达方式，从想法的产生到概念的雏形都可以通过手绘快速实现，和计算机效果图相比较，手绘的优势就是可以快速地传递设计信息，让受众在短时间内迅速领会设计师的设计意图。当前，针对设计师的软件培训比比皆是，初学者可以通过软件学习快速进入相应行业，但手绘作为一个设计师的基本素养，不是一蹴而就的，它需要大量的基础练习和不断的积累，对点、线、面，黑、白、灰有比较深刻的认识才能具备一定的手绘表达能力，这也是比较全面的设计师和速成者之间最大的区别，因此，学好手绘，需要不断的练习与理解。

感谢江海职业技术学院的封心宇老师编写了第一章节的内容，感谢南通职业大学的巩艳玲老师编写了第三章节的内容，感谢为本书提供大量手绘原稿的设计师与学生，他们是李月民、宋义红、张峥、张杰、胡硕、王夏。

在编写的过程中，因个人手绘风格、文字表达方面难免有不足之处，恳请读者提出宝贵意见。

编　者

目　录

1

单元 1　手绘表现技法的发展概况

1.1 手绘表现图概况

　　手绘设计表现是设计师需要掌握的重要的〝视觉语言〞，设计表现以图形或图画的形式展现设计意图和理想。它比文字和口头语言更形象化、更有效。表现图一类是对建筑、室内、城市景观、产品等进行写生描绘的图画；另一类是设计创作的表现图画。不论何种设计工作，建筑设计、室内设计、产品设计，时装设计等都离不开图形表现语言。

　　其中建筑表现在手绘的发展过程中占据着重要的地位。建筑画在我国绘画中具有悠久的传统和历史。我国古代建筑画，被称为〝界画〞，在五代时成为独立的画种，至北宋时走向成熟。当时的画家对建筑的构造、布局已有深刻的了解，并且已很好地掌握了透视和构图技巧，使建筑画成为以表现建筑群的宏伟规模、结构装饰的精巧匠心为主的艺术品。张择端是北宋著名画家，今山东诸城人，曾在北宋皇家翰林图画院任职，擅长〝界画〞，尤擅画舟车、市街、城郭、桥架，皆独具风格。他的代表作《清明上河图》就是一幅具有宏伟规模的建筑群表现图（图1—1）。

图1—1
《清明上河图》

　　西方建筑画自文艺复兴期间发明透视绘图法后有了很大的发展，使得建筑表现绘画成为一类具有自身风格特点的绘画或设计作品。

1.2 手绘表现图的特点及发展趋势

1.2.1 表现图的特点

　　（1）手绘表现图的发展是和设计师的特征和变化相一致的。
　　（2）手绘表现图是随绘画和印刷工具的发展而变化的。
　　（3）手绘表现图对设计本身的影响是巨大的。
　　（4）手绘表现图融设计性、科学性和艺术性于一体（图1—2）。

1.2.2 手绘表现图的发展趋势

　　手绘表现在我国起步较晚，目前的发展趋势主要体现在快速表现为主（图1—3）、多元风格技巧纷呈（图1—4）、商业性与程式化明显（图1—5）、手绘图和计算机绘图并重（图1—6）等四个方面。

图1-2 手绘表现对设计本身影响巨大

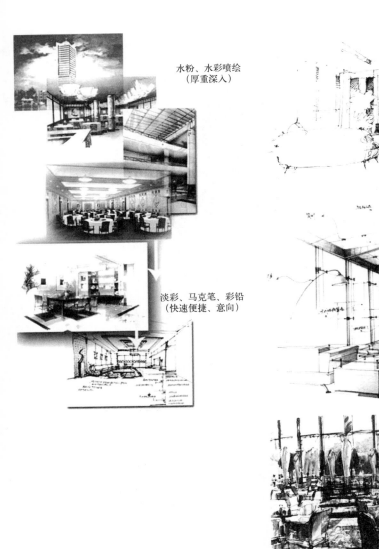

水粉、水彩喷绘
（厚重深入）

淡彩、马克笔、彩铅
（快速便捷、意向）

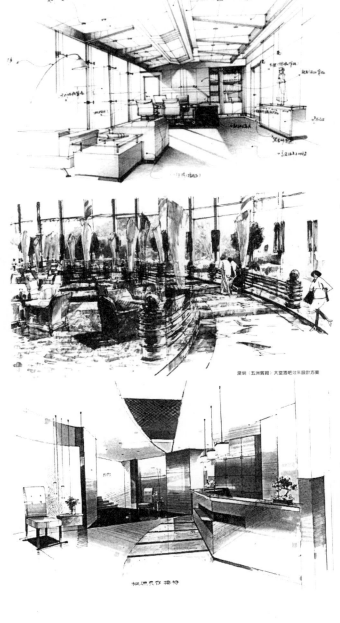

图1-3（左）
快速表现为主
图1-4（右）
多元风格技巧纷呈

1.3 手绘技法的主要门类及工具介绍

图1-5（左）
商业性与程式化明显
图1-6（右）
手绘图和计算机绘图
并重

1.3.1 手绘技法的主要门类

手绘表现按表现方式可以分为设计草图、快速表现效果图和精细表现效果图等；按照使用工具可以分为铅笔画、钢笔画、马克笔快速表现、水彩表现、水粉表现、综合材料表现等。

1.3.2 手绘技法的常用工具

1. 笔

铅笔、彩色铅笔、碳素笔、钢笔（包括速写笔、针管笔）、水粉笔、水彩笔、中国画笔（衣纹、叶筋、大、中、小白云）、马克笔、签字笔、色粉笔、棕毛板刷、羊毛板刷、尼龙笔、喷笔等。

铅笔不仅仅可以作为设计师打草稿的工具，其本身也是独立的艺术表现工具，具有其他工具不可替代的效果。一根铅笔线可以表现出各种不同程度的深浅变化，可以表现光感、空气的氛围，能表现松软、坚硬、细腻等多种感觉。其中彩铅分为水溶性彩铅与蜡基质彩铅两种，色彩丰富，笔质细腻，方便快速着色。水溶性彩铅能溶于水，有干湿两种画法，使用时可用彩铅上色后再用毛笔蘸水渲染，产生水彩的生动效果。由于水溶性彩铅既能表现出铅笔的线条感，画出细微生动的色彩变化，又可以用色彩叠加进行深入塑造，所以被设计者广泛使用。

钢笔是设计师较为青睐的手绘效果图表现工具之一，其画法线条严谨、准确、肯定、灵活，但不容易修改。主要依靠线条的粗细和线条排列的疏密来表现黑白灰的变化，其效果醒目、快捷。其中美工钢笔笔头弯曲，可画粗、细不同的线条，书写流畅，具有无限的表现力，适用于勾画快速草图或方案。针管笔笔尖较细，线条细而有力，有金属质感和力度，适用于精细手绘图。

马克笔又称麦可笔，是手绘表达极其重要的着色工具之一。马克笔是近些年来从国外引进的一种较为流行的新型工具，它既可以绘制快速的草图来帮助设计师分析设计方案，也可以深入细致地刻画，形成表现力极为丰富的效果表现图。同时也可以结合其他工具，如彩色铅笔、水粉等工具，或者与计算机后期处理相结合，形成更好的表现效果。

2．颜料

主要有水粉、水彩、透明水色以及丙烯等。

水彩画是以水调和颜料所作的画，颜料用胶水调制，可溶于水。分为透明水彩和不透明水彩。不透明水彩又称为水粉，色彩中含有粉质，呈不透明状，具有较强的覆盖力，能做大面积的涂绘和局部的精细刻画。

3．纸

水彩纸、水粉纸、铜版纸、制图纸、白卡纸、黑卡纸、色卡纸、硫酸纸等。

4．其他工具

手绘表现所需其他工具有尺规、曲线板、橡皮、图板、丁字尺、三角尺、透明胶带等（图1-7）。

1.4　手绘设计表现的目的和要求

1.4.1　手绘设计表现的目的

（1）对方案进行立体直观化推敲。

（2）设计师之间以及与甲方之间交流探讨的一种语言。

（3）激发设计思维和创意的重要过程。

1.4.2　手绘设计表现的要求

（1）表现图要力求准确、真实地表达主题，包括建筑的尺度、比例、透视关系、材料质感以及环境特点等。

（2）表现图要体现并适应商业化的发展需要。

（3）表现图自身具有的艺术欣赏价值。

图1-7
常用的绘图材料

1.5 手绘设计表现的作用和价值

进入 21 世纪以来，随着计算机的快速发展，越来越多的学生在学习设计的过程中强化对专业渲染软件的学习而过度依赖于计算机的后期表现，在效果图整体质量提高的同时，学生的方案表达能力以及后期概念都受到了极大限制。造成这种现象的原因很多，透过这个现象探究深层次的原因我们不难发现，很多学生都忽视了对手绘技法的练习。徒手表现能快速而灵活地表现设计师的概念和想法，头脑中的设计构思必须通过视觉传递的方式展现在观者面前才能被理解。视觉传达主要依赖于各种图形技术，设计的表象正是运用图形技术构思的结果。从内在的想法到外在的图形以及由图解思考过程产生的结果，构成了专业设计表现技能的全部内容。而手绘设计的过程对于设计思维和创意有着重要的推动作用。

设计表现图（也称透视效果图）能形象直观地表现建筑空间，营造环境氛围，观赏性强，具有很强的艺术感染力，是设计师表达思想、展示设计的主要途径。表现图在设计投标、设计定案中起很重要的作用。一幅表现图的好坏直接影响该设计的审定。对非专业人士来说，形象化的表达是最容易理解的，表现图自然成为设计师最重视的展示工具之一。在设计领域光彩四溢的大师们的作品之所以能撼动人心，充满个性魅力，都得益于他们深邃的想象力和高超的表现技巧。

在环境表现的手段和形式中，快速表现技法的艺术特点和优势决定了它在表达设计中的地位和作用，其表现技巧和方法带有纯然的艺术气质，在设计理性与艺术自由之间对艺术美的表现成为设计师追求的永恒而高尚的目标。设计师的表现技能和艺术风格是在实践中不断地积累和思学磨练中成熟的，因此，对技巧妙义的理解和方法的掌握是表现技法走向艺术成熟的基础，手绘表现的形象能达到形神兼备的水平，是艺术赋予环境形象以精神和生命的最高境界，也是艺术品质和价值的体现。快速表现技法是建筑设计、环境艺术设计、风景园林设计、建筑室内设计、工业设计、视觉传达等专业学生的一门重要的专业必修课程。在效果图的学习过程中，临摹是一个非常重要和必要的内容与环节。它是衡量学生手绘能力的一项重要指标，同时，对大学生毕业、就业都有很大的影响。

在设计表达的过程中，手绘表现不仅可以表达设计思维和设计创意，更为重要的是，在表现的过程中，直观的手绘体验过程有时会激发出设计者更进一步的灵感和创意。所以说，手绘设计表达有时十分奇妙，设计创意和设计表达相辅相成，互为因果，有了想法去手绘表达，在轻松自由的手绘表达过程中，进一步迸发出新的创意，设计的过程因为手绘表达变得美妙起来。反过来说，想要让设计过程变得快乐轻松起来，学好手绘设计表现则成了设计者关键的第一步，而且一旦你做了决定，就意味着手绘将伴随着以后设计工作的每一天，只有而且必须保持持之以恒的心态，才能真正学好手绘这门技能并且真正体会到手绘设计表达的乐趣和意义所在。

1.6　学习本课程的方法与建议

(1) 临摹和写生相结合的方法。
(2) 师生讨论并总结手绘技巧。
(3) 课程群的继承和项目实践。
(4) 培养日常多画的习惯兴趣。

2

单元 2　手绘表现技法的基础练习

计算机的迅猛发展并不能取代手绘艺术在效果图表现中的重要地位，徒手绘画在表现室内外环境效果的同时还是培养设计师的形象化思维、设计方案推敲以及空间认知能力的有效方法和途径。

2.1 钢笔画的线条练习

材质在图面的表达形式中占有很大比重，室内和室外环境由于构成主体的差异性表现形式也各不相同，室内环境主要由各式各样的家具组成，因此，木质纹理的形态是构成画面的主体元素，室外环境则多由景观植物、水体以及丰富的建筑外立面构成（图2-1）。

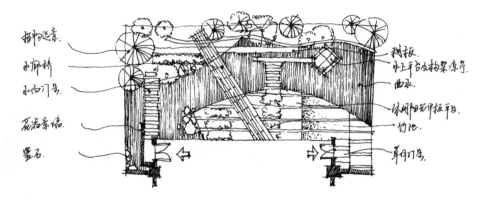

图2-1
通过钢笔线条表达室外环境空间

就室内和室外环境而言，尽管构成的主体元素具有一定的差异性，但是它们之间有一个共同点——由若干组线条构成。线条是表达室内外环境最重要的造型手段，线条的控制与把握直接关系到图面效果的优劣。作为手绘表现技法的重要组成元素，线条被赋予了更多的内在含义，正是这些优美流畅、粗细均匀的线条经过有序的排列与组合才构成了一幅幅精美的画面（图2-2）。

人体的形态曲线是对线条最完美的诠释，稍显婉转曲折的线条犹如融入了生命的气息，让整个线条如同乐谱般焕发出青春的活力，由此可见，在绘画过程中线条是多么重要。线条本身就是飘逸与流畅的代名词，它可以从侧面反映作者驾驭线条的能力，感情细腻、情感丰富的人多画出富有节奏和韵律的线条；内心狂野奔放的人则多画出坚挺有力的线条。威廉·贺加斯在《美的分析》一书中这样写道：直线只是在长度有所不同，因而最少装饰性。直线与曲线结合，成为复合的线条，比单纯的曲线更多样，因而也更有装饰性。波纹线，就是由于由两种对立的曲线组成，变化更多，所以更有装饰性，更为悦目，贺加斯称之为"美的线条"。蛇形线，由于能同时以不同的方式起伏和迂回，会以令人愉快的方式使人的注意力随着它的连续变化而移动，所以被称为"优雅的线条"。贺加斯还谈道，在用钢笔或铅笔在纸上画曲线时，手的动作都是优美的（图2-3）。

线条具有较强的表现性和概括性，它的表达手法多样，简单的线条可以表示物体的外部轮廓，经过排列与组合的线条则可视为物体的阴影部分，蜿蜒曲折的线条多描述木质纹理，设计师可以通过客观物体的外部形式结合线条创作出代表各种材质的表达方式（图2-4）。

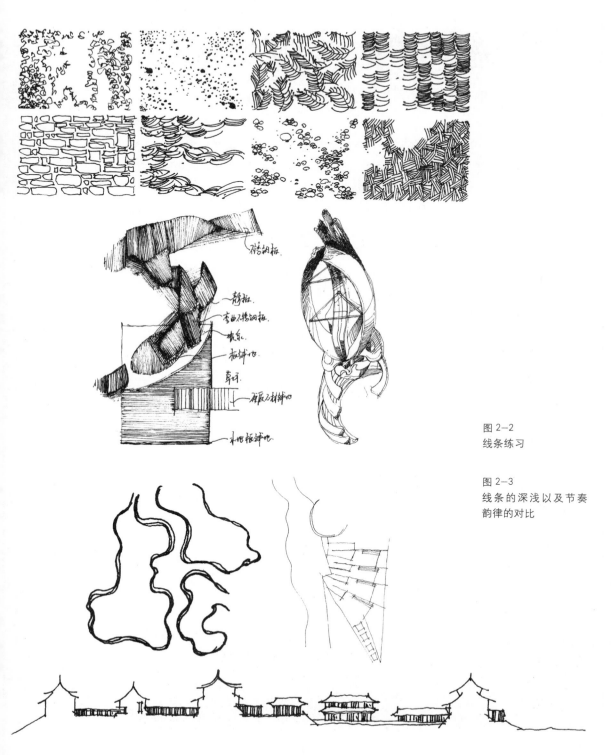

图 2-2
线条练习

图 2-3
线条的深浅以及节奏韵律的对比

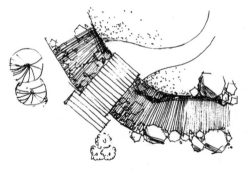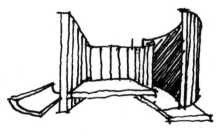

图 2-4
钢笔线条的材质练习

在手绘当中，线条多用于钢笔画的表现技法当中，钢笔画是一种表现方式；在表现空间环境关系时，常常和马克笔、彩铅以及水彩等结合使用。钢笔画的主要特点就是快速、便捷，通过简洁的线条勾勒出物体的基本形态，抓住客观物体中最需要表达并且易于表达的部分，通过线条的排列与组合实现图面的明暗关系。就表现方式而言，钢笔画比铅笔画更美观，同时也更具有说服力，钢笔画的表现相较于铅笔最明显的是画面质感的体现，通过线条的疏密关系来吸引人的注意力，适当的排线可以刻画客体的立体感（图 2-5）。

钢笔画的实质就是可以利用线条的叠加和组合实现一组画面所必需的各项内容：疏密有致的线条可以概括空间的环境关系，线条的刚劲流畅与紧凑对比是对画面的艺术概括。

在对钢笔画进行针对性的练习当中需要注意以下几点问题。

（1）钢笔画具有一定的局限性——不易修改，因此，在绘图过程中，下笔之前一定要做到心中有数、笔中有度，在思考成熟的前提下下笔绘画。目前比较常用的是定点法，即在画面中将客体对象限定在一个"画框中"，然后通过观察在图面中定出客体的最高点、最低点、最左点和最右点，最后，通过层层递进的方式刻画客体对象，以此实现透视的准确性（图 2-6）。

（2）线条是画面当中最重要的组成部分，因此，线条的流畅与否决定了整个图面效果的优劣，绘制客体轮廓时切忌超过两根线条描述，对客观物体轮廓的过多描述会使整个画面杂乱不堪。

（3）在线条的绘画过程中需要做到虚实有度，只有做到虚实有度、粗中有细的线条才会使整个画面显得丰富，在这个环节中要尽量避免多方向和重复的线条。

图 2-5
钢笔线条的排线形式

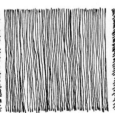

定点   连线   整体表现

2.2 图面关系与材质表现

图 2-6
单体的绘图步骤

　　画面表现的效果好坏直接受图底关系所影响，黑白灰与点线面的处理方法是凸显画面效果的重要手段，一张优秀的表现作品除了流畅的线条之外必定具有一定的层次递进关系。

　　在绘画的创作过程中，黑白灰是体现画面空间关系的重要推手，对于没有色彩介入的素描作品与钢笔画，黑白灰从某个层面上而言就是色彩的明度关系，这种关系需要通过疏密有致的线条排列实现。黑白灰同空间以及主次一道构成了画面的整体环境（图 2-7）。

　　黑白灰中的"黑"往往是画面中描述最多的部分，多表示客观物体的阴影暗部；"白"多指客观物体的聚光点或留白空间，一般指强光直接照射的部位；灰色是整幅画面的主体内容，在一幅表现作品当中，除却黑白部分，客观对象

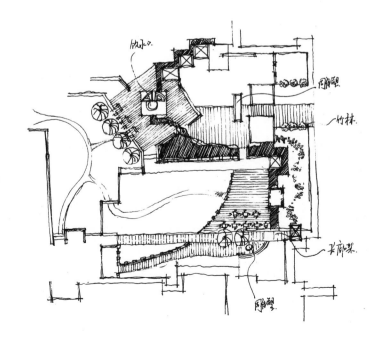

图 2-7
通过平面中线条的排列组合表现画面的层次关系

单元2　手绘表现技法的基础练习　**13**

的空间轮廓以及物体之间的外在关系均需要利用"灰"进行限定,"灰"是一个色彩区间的代名词,不同程度的"灰"的结合才有了客观对象的具体轮廓以及空间关系。

点线面是表现作品中除黑白灰以外的另一个重要因素,点是所有图形的基础,而线又是由若干个点构成,面则是线的集合,它们三者的关系和黑白灰相同,犹如黑是由若干个层次的灰叠加所致。点、线、面是平面空间的基本元素,对限定空间内的点、线、面进行黑、白、灰的处理会得到一幅满足空间关系的优美画面(图2-8)。

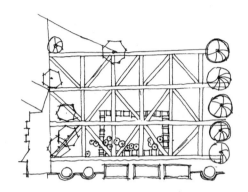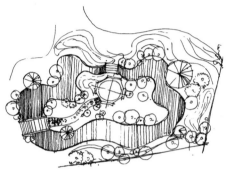

图2-8
点线面在平面图形中的
应用

点是画面空间最为活跃的元素,它可以打破线条和面带来的稳定与均衡,使画面具有一定的灵动感,同时,它不失细腻,是体现画面细节的重要表达方式。

2.3　材质表现

富有视觉冲击力的表现作品往往融各类材质和配景于一体,经过对客观物体如实的刻画和细致的描写才能实现空间关系的完美与和谐,因此,客观对象的材质表现手法在手绘中尤为重要。

2.3.1　木质材料及其表现

木材是树木的主要产物,它作为传统的装饰材料多应用于室内环境的细部设计以及建筑的外墙立面等。随着时代的发展和进步,木材利用方式从原始的原木逐渐发展到锯材、单板、刨花、纤维和化学成分的利用,形成了一个庞大的新型木质材料家族,如胶合板、刨花板、纤维板、单板层积材、集成材、重组木、定向刨花板、重组装饰薄木等木质重组材料,以及石膏刨花板、水泥刨花板、木/塑复合材料、木材/金属复合材料、木质导电材料和木材陶瓷等木基复合材料(图2-9)。

木质材料因其贴近自然的特性给人一种特有的亲和力。木材本身也有很多种类,不同种类之间的纹理也各不相同,但大都以虎纹为主。因此,在具体表述空间环境关系时需要仔细观察相应物体的纹理,以此提高整幅图面的真实感。

2.3.2　砖、石材质及其表现

　　砖类材质多集中于皖南民居、江南园林建筑以及山体建筑中。石材是现代社会应用较为广泛的装饰材料，石材本身种类繁多，目前市场上比较常见的是大理石、花岗岩以及水磨石等。大理石和花岗岩相比略显高档，一般作为酒店、写字楼的室内设计材料；花岗岩质地坚硬，它的密度较高，耐划痕和腐蚀，多用作城市广场的地面铺装。

　　石材的纹理是体现石材材质的关键，装饰过程中的石材一般分为平滑光洁和烧毛粗糙两种，前者具有高光、易反射等特点，表现时需要一些不规则的线条加以描述，后者较为粗糙，一般多是亚光效果，表现凹凸不平，在一定程度上可以起到防滑的作用。在表现石材的过程中，要根据石材的具体种类进行虚实、远近的处理，以此达到石材的最佳效果（图2-10）。

图 2-9
木质纹理的钢笔线条表现

2.3.3　玻璃材质及其表现

　　玻璃是一种透明的固体物质，设计师可以根据玻璃的特性制定具体的加工方法形成丰富的造型形态，国内对玻璃的应用主要集中在建筑的玻璃幕墙以及镜面玻璃装饰等方面。玻璃因其透明、具有一定的色泽等原因已经成为设计师最为常用的设计素材。

　　玻璃的透明效果决定了它的映射能力，因此，在表现空间布局中的玻璃时需要加强对周围物体的描绘，同时，周围环境的色彩组成也需要在玻璃上得到一定的体现。

图 2-10
石材的线条表现

2.3.4　布艺材质及其表现

　　对织物进行艺术性的加工是现代家装设计中比较重要的一部分，对空间环境内进行适当的布艺设计可以使整个环境更加温馨、柔和。布艺作为"软饰"可以柔化空间内较硬的线条装饰，赋予整个环境清新自然的格调。

室内环境中的布艺多应用在地毯、沙发、窗帘等面料当中，在表现时以轻松、流畅的线条为主，这样做的主要目的就是和其他的木质、石材等纹理作出明确的区分。其次，在色彩选择上以鲜艳、亮丽的颜色为主，这样可以使整个画面具有较强的艺术感染力和视觉冲击力。布艺配景是室内环境中比较重要的环节，利用钢笔线条勾稿时需要轻松自如，这是布艺的最主要特点，对布艺局部空间的花纹、形式可以详细描述，以此丰富整个画面的细节效果（图 2—11）。

图 2—11
布艺的钢笔线条表现

2.3.5 金属、水体等材质及其表现

金属等不锈钢材质是室内设计中常用的设计元素，它们的外表可以增强空间的视觉效果，金属和玻璃材质相同，具有一定的反射性。

在钢笔画的表现过程中，金属和水体的表现方式相同，均是通过突出画面黑白灰的关系体现材质的特性，同时，还要通过点线面的构图手法表现金属的高光点（图 2—12）。

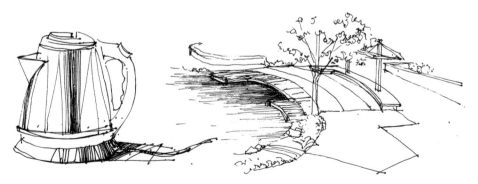

图 2—12
金属和水体的表现技法

2.4　配景图例的表现手法

2.4.1　乔、灌木的表现手法

乔、灌木在钢笔画的表现中占有很大比重，乔、灌木的线条是对整体画面的柔化处理，肯定而又形式多变的绿化表达手法有利于增加画面的层次感（图 2—13）。

图 2—13
灌木和乔木的钢笔线
条表现

2.4.2 人物的表现手法

　　人物是点缀画面局部效果的重要工具，不同的场景要求不同年龄阶段的
人物表达。人物表现一方面需要重点刻画举止形态，另一方面还要关注人的脸
部轮廓以及发型的局部修饰（图 2—14）。

图 2—14
人物表现

2.4.3 交通工具的表现手法

交通工具多在都市场景、现代建筑以及滨水、滨湖景观中出现，它主要包括各种类型的汽车、轮船、飞机以及非机动车，交通工具大多具有一个显著的特征：对称。因此，在绘画交通工具时，脑海中一定要有一个非常明确的客体形态（图2—15）。

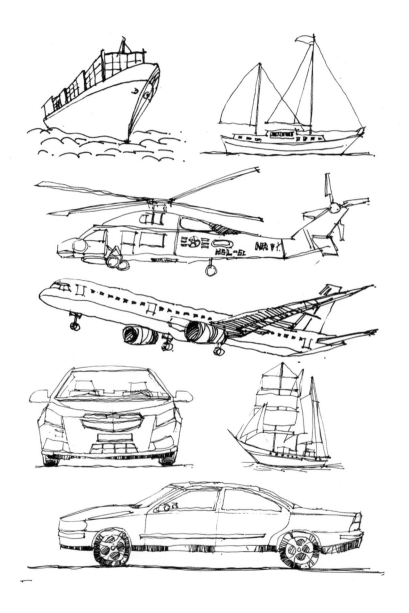

图2—15
交通工具表现

2.4.4 花卉及植物的表现手法

花卉的走线形式和乔、灌木的表现手法相似，花卉种类繁多，因此表现方式也非常丰富，具体可细分为：水生植物、各种花卉以及各类植被、藤本植物（图2—16）。

图 2—16
绿化、植物的线条表现

2.4.5　陈设以及装饰物品的表现技法

　　陈设物品以及软装是室内外烘托环境的重要组成元素，陈设物品的设计
材质非常丰富，因此对线条的表现力有一定的要求。公共艺术品造型奇特，因
此，对陈设物品的表现练习将会直接影响空间的表达效果以及人文气氛（图
2—17～图 2—19）。

2.5　手绘表现的着色技巧

2.5.1　水彩表现

　　水彩在早期的效果图表现中占有重要的地位，它有色彩明快、层次清晰
等特点，和钢笔线条的融合可以体现较好的空间感。水彩是水与色彩的结合，
它以水作为媒介调和颜料，以此实现绚丽多彩的画面。水彩效果的表现技法主
要有两种，一种是先通过对整个画面的渲染，然后进行颜色的融合叠加混合而
成；另外一种是针对画面的各个空间进行相应的填色，一般情况下，设计师往
往会综合地处理画面（图 2—20）。

图 2-17 陈设物品的线条表现一

图 2-18　陈设物品的线条表现二

图 2-19　陈设物品的线条表现三

图 2-20
水彩表现（张峥）

　　水彩画的着色主要参照以下要点：

　　（1）秉承素描的透视及画面要求，水彩的着手过程要求由浅及深。水彩
有渗透的特点，因此一般作画时先铺底层的浅色，然后根据画面的实际情况进
行色彩的加深。

　　（2）留白。水粉一般通过白颜色进行高光的提亮，在水彩画中，高光部
分需提前留白，恰当的白色空间有利于凸显整个画面的空间层次。

　　（3）注重画面黑、白、灰的关系。这三者是对深浅颜色的综合表述，通
过色彩的深浅程度表达画面的黑、白、灰。

　　（4）调色时减少多种颜色的混搭。多种颜色的调和产生的颜色往往"脏"，
水彩因其特殊性一般建议调和时不超过三种颜色。

2.5.2　马克笔表现

马克笔是当前设计师用于表达设计理念最为常用的技法之一，它有单头和双头之分，目前主要有水性、油性以及酒精三种类型，马克笔通常用来快速地表达设计构思，它可以迅速地表现设计效果。

练习马克笔时需要注意两个方面的问题：第一个是笔触，钢笔画中最富有表现力的是线条，表现画中最具有艺术效果的则是马克笔的笔触效果，点、线、面的笔触方式有利于组成富有"肌理感"的画面；第二个是马克笔的排线，绘画过程中用笔的方向、粗细以及笔触的疏密程度是体现画面层次关系的重要推手，因此，练习马克笔时需要介入钢笔线条的画法（图2-21）。

图2-21
某室内空间的马克笔
练习

马克笔同其他着色工具相比较最为明显的特征就是可以快速地表达设计思想。下面介绍马克笔的上色步骤。

1．步骤一

上色之前先要分析当前画面的明暗关系，确定好基本的层次关系之后，考虑具体物体的色彩表现。通常情况下，第一步均为铺一个基本色调，同时，表现出画面的前后关系（图2-22）。

2．步骤二

在步骤一的基础上加重基本色调，选取画面中出现颜色比较多的物体进行相应色彩的覆盖，在色彩的选择上还是以浅色为主（图2-23）。

3．步骤三

扩大着色面积，在这个过程中可以对整个画面进行着色，在绘画的同时开始加强马克笔的笔触表现，适当地加重物体的暗部空间（图2-24）。

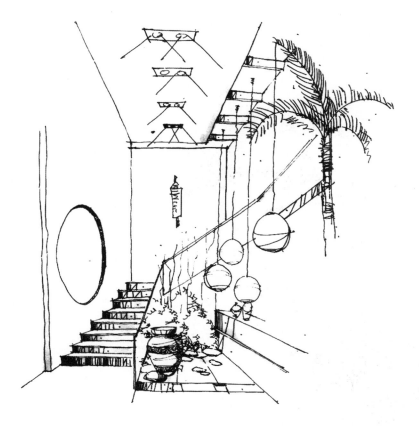

图 2—22
步骤一

图 2—23
步骤二

4. 步骤四

进一步刻画相应细部，突出表现主体对象的明暗关系，同时对整个画面
进行概括性的调整（图2-25）。

图 2-24
步骤三

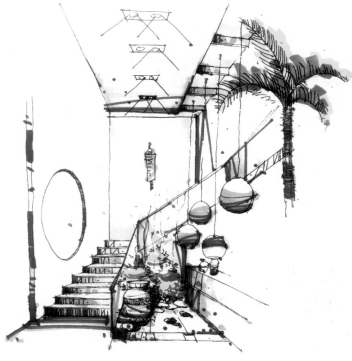

图 2-25
步骤四

马克笔的表现关键就是画面明暗关系的体现，在动笔之前明确画面中
的色彩关系，只有把握好画面的层次关系才能利用马克笔较好地表现画面
（图2-26～图2-41）。

图2-26　马克笔表现一——步骤一

图2-27　马克笔表现一——步骤二

图 2-28　马克笔表现一 ——步骤三

图 2-29　马克笔表现一 ——步骤四

图 2-30　马克笔表现二——步骤一

图 2-31　马克笔表现二——步骤二

图 2-32　马克笔表现二——步骤三

图 2-33　马克笔表现二——步骤四

图 2-34　马克笔表现三——步骤一

图 2-35　马克笔表现三——步骤二

图 2-36　马克笔表现三——步骤三

图 2-37　马克笔表现三——步骤四

图 2-38　马克笔表现四——步骤一

图 2-39　马克笔表现四——步骤二

图 2-40　马克笔表现四——步骤三

图 2-41　马克笔表现四——步骤四

2.5.3 综合技法表现

综合技法是指综合采用多种着色工具进行效果图表现的技法，比如水彩与马克笔的结合、马克笔与彩铅的结合以及水彩与彩铅的结合等。

运用综合表现技法需要对相应材料的特性有基本的了解。水彩和水性的马克笔具有共同的特点，在表现画面时均有色彩明快的特点，这两种着色材料经常被混合使用。

3

单元 3　空间透视的把握与运用

透视学的运用是手绘表现图效果图的基本前提，画面当中表现的所有内容都是基于合理的透视规律。因此，为准确科学地表达透视效果，我们首先要掌握透视投影图的基本原理和绘图方法。理解了透视的基本原理，掌握了科学的透视方法，并在此基础上培养一定的空间想象和思维能力，才能绘制出合理、真实的透视图。

3.1 透视图的基本原理

假设人们站在室内空间，通过透明玻璃窗用一只眼睛观看室外的景象时，眼睛对物体各点射出的视线与透明的玻璃窗的相交点连接所形成的图形就是所谓的透视投影图，简称透视图（图3—1）。透视图是以人的眼睛为中心的中心投影，符合人们的视觉形象，能够很逼真地反映形体，使观察者看了透视图就如同目睹实物一样，所以透视图是研究形象的真实图画，如图3—2所示就是以透视图的基本规律为原理所绘制的效果图，使人看上去觉得真实、自然。

透视图是一种单面投影，它是用中心投影法画出的，也就是以人的眼睛为投影中心所发出的投射线对物体做投影的方法。透视学中的一些相关术语如下（图3—3）。

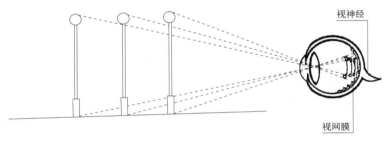

图 3—1
透视的形成（来源网络）

图 3—2
室内透视效果

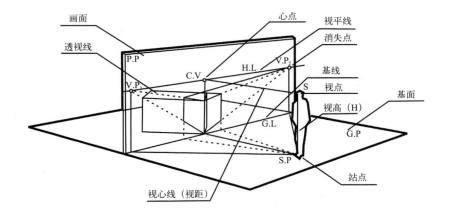

图 3-3
透视的基本原理示意

S（视点）：为投影中心，是观察者眼睛所在的点。

P.P（画面）：观察者与被观察物体之间所设的垂直于基面的投影面，也就是前面假设的透明玻璃窗。

G.P（基面）：人所站的地面。

S.P（站点）：观察者所站立的位置，也就是视点 S 在基面上的直角投影。

H（视高）：观察者眼睛距离基面的垂直距离。

H.L（视平线）：画面上的一条水平线，高度为观察者眼睛的高度。

G.L（基线）：画面与基面的交线，其与视平线平行。

C.V（心点）：也称为视中心，是视点延伸到中心视线，与视平线相交处的点。

V.P（消失点）：又称为灭点，是视点通过被观察物体的各点并延伸到视平线上的交汇点。

透视线：过视点与被观察物体上各点的连线。

视心线：也称为视距，是视点与视中心相连接的一条水平线。

视点、画面、物体，是透视图形成的三个基本要素，这三者的排列顺序从很大程度上影响了透视图的效果。一般画建筑和家具透视图是以这样的顺序排列：视点→画面→物体，所得的透视图为缩小透视（图3-4）。而画室内透视图以视点→物体→画面的顺序为人们所常用，所得的透视图为放大透视（图3-5），这样的透视图视距较远，所以就能够使室内的大部分墙面、顶棚和地面伸在画面之前。

图 3-4
缩小透视

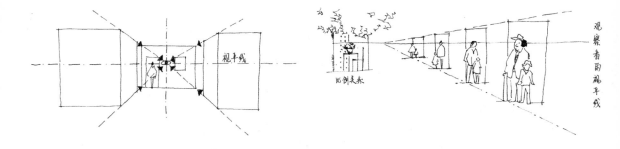

透视图具有以下几个特性：

（1）建筑空间当中等高的墙、家具，距离视点近的高，远的低，即近高远低。

（2）建筑空间当中等间距、等宽度的窗子、地砖、墙砖等，距离视点近的疏、宽，远的则密、小，即近疏远密。

（3）等体量的物体如建筑、家具，距离视点近的视觉效果比距离视点远的要大，即近大远小（图3-6）。

（4）有规律排列形成的线条或互相平行的线条，越远越靠拢和聚集，最后会聚为一点而消失在地平线上。

（5）物体的轮廓线条距离视点越近越清晰，越远越模糊。

图3-5（左）
放大透视（来源网络）
图3-6（右）
透视特性——近大远小（来源网络）

3.2 透视的画法分类

3.2.1 一点透视

1. 一点透视的基本概念

一点透视图中物体的主要界面平行于画面，因此也称为平行透视。物体的 X、Y、Z 三条直角坐标轴只有一条轴与画面垂直，另两条轴与画面平行，所作透视图只有一个轴向有灭点，此灭点即为心点（C.V），故称为一点透视（图3-7）。

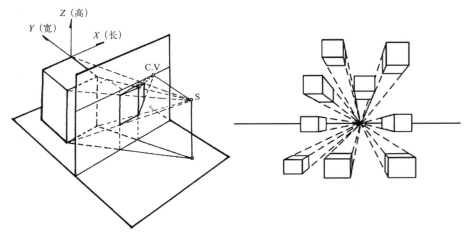

图3-7
一点透视的基本原理

一点透视的表现范围较广，适用于横向空间开敞、纵深感较强的建筑群和室内空间。运用一点透视绘制的空间环境具有整齐对称、庄重严肃、一目了然、平展稳定、层次分明、场景深远的特点，同时，一点透视能显示主要面的正确比例关系，为了表达室内家具或庭院布置情况，也常选用一点透视（图3-8）。

2. 一点透视的画法

用建筑师法（视线法）作立方体的一点透视。

步骤1：找出视点S和心点C.V。

步骤2：绘制平面透视。

步骤3：绘制画面上的物体高度。

步骤4：绘制画面后的物体——将物体的侧立面延伸到画面上，获得物体的真高（图3-9）。

3. 室内一点透视图画法

本章主要介绍由里向外的一点透视画法，这种画法在室内透视图中较为常用。所谓的由里向外是指将空间的后墙面作为真高面，真高面上的单位尺寸为实际尺寸，因此，图中需要的长度、宽度、高度尺寸都须在真高面上量取。

图 3-8
一点透视

步骤1：确定心点C.V。

在图纸上按比例画出房间后墙面ABCD，在距离地平线CD（G.L）1.5～1.7m左右定出视平线H.L，确定心点C.V，此点宜定在偏离中点的位置上以使画面突出重点且富有动势（图3-10）。

步骤2：确定距点D。

由C.V分别向房间后墙四个端点A、B、C、D作透视线，以此将房间的顶棚、地面和左右两个墙面表示出来。延长CD线并把进深的尺寸等分量在上面，在4.8m处向上引垂线，在H.L上交得距点D_1，这个点并非消失点，而是测量进深的辅助点（D_1点到C.V点的距离即为视点S到C.V点的距离）（图3-11）。

步骤3：求取空间进深，作透视网格。

由距点D_1分别向G.L上的各点连线，并在C.V与A、B、C、D四点连线的延长线即地线上交得各点，以此点为基准作水平延长线，再将CD上的等分点与C.V点连接作透视线，即作出地面透视网格，每相邻两条线相距

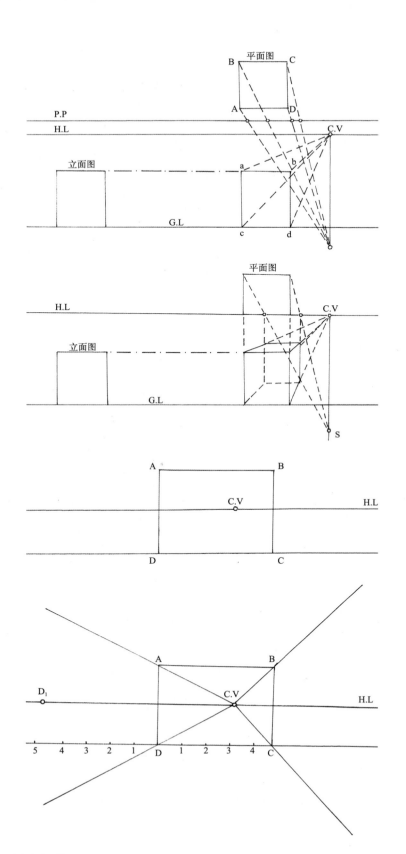

图 3—9
一点透视的概念分析

图 3—10
室内一点透视的画法

图 3—11
确定距点

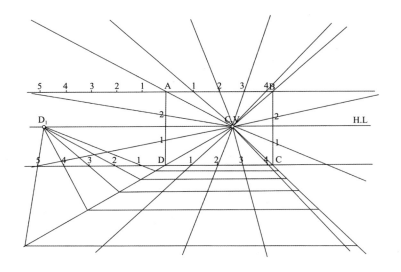

图 3-12
透视网格的画法

的尺寸就是透视中等分的间距尺寸。同理，分别作出墙面、天花板的透视
网格（图 3-12）。

步骤 4：定出室内环境透视平面。

根据平面图中墙壁、门窗、家具等所在网格的位置，定出其在透视网格
中的位置和尺寸，画出整个室内环境透视平面，并分别竖垂线。

步骤 5：量取高度尺寸，完成整个空间透视。

在后墙面 AD、BC 上量取家具的高度尺寸，向 C.V 引透视线作为辅助线，
作出家具在空间的透视（图 3-13）。

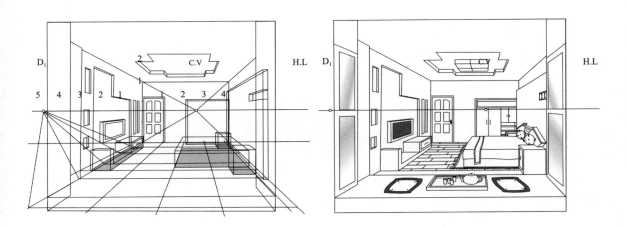

图 3-13
室内环境透视平面

3.2.2 两点透视

1. 两点透视的基本概念

物体的主要表面与画面倾斜，其上的 X、Y、Z 三条轴中任意两条轴（通
常为 X、Y 轴）与画面倾斜相交，第三条轴（通常为 Z 轴）与画面平行，所作
透视图中两个轴向有消失点，称为两点透视，两个消失点都在视平线上，分别

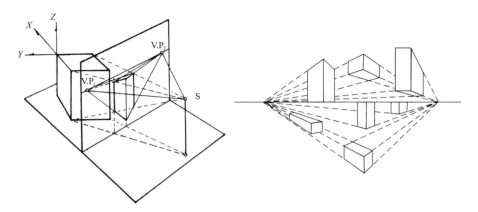

图 3—14
两点透视的基本原理

位于心点两侧，凡是平行的直线都消失于同一消失点。对于立方体静物，其纵深与视觉中线成一定角度，所以两点透视也叫成角透视（图 3—14）。

运用两点透视绘制的空间环境自由活泼，能反映出建筑体的正侧两面，容易表现建筑的体积感，效果真实自然，是一种较为常用的画法。但是如果角度和消失点选择不好的话，容易产生变形，给人失去平衡的感觉。所以两个消失点的确定十分重要，消失点距离心点稍远一点，便能避免变形，得到较好的透视效果（图 3—15 ～ 图 3—17）。

2. 两点透视的画法

用建筑师法（视线法）作立方体的两点透视。

步骤 1：

把立方体的平面图按一定角度（避免 45°）放置在 H.L 上。由 E 点引垂线，定出 S 点，再由 S 点分别引两条平行于 AE 和 ED 的直线，在 H.L 上交得 V.P$_1$、V.P$_2$ 两个消失点。

图 3—15
两点透视效果图一

图 3—16
两点透视效果图二

图 3—17
两点透视效果图三

步骤 2：

定出 G.L，把立面图放置在 G.L 上，并由真高线引水平线交得 b 点。分别由 b 点和 a 点向两个消失点引线，再由 S 点分别向 A 点、D 点引线，在 H.L 上交得 C、F 两点。

步骤 3：

由 C 点和 F 点分别向下引垂线，在交点处分别向 V.P₁ 和 V.P₂ 连透视线，即作出立方体的两点透视图（图 3—18）。

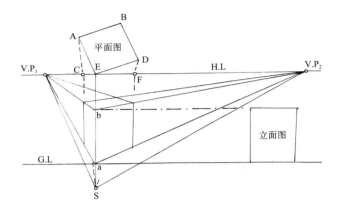

图 3-18
两点透视图的画法

3. 量点法作室内成角透视图

步骤 1：确定消失点 V.P₁、V.P₂。

在图纸上按比例画出房间真高线（墙角线）AB，在距离地平线（G.L）1.5～1.7m 左右定出视平线 H.L。过 A、B 两点作出两面墙的透视（为确保透视效果，两个正交墙面的角度要大于 120°，在 135°～150° 最佳），在 H.L 上便得到 V.P₁ 和 V.P₂ 两个消失点。

步骤 2：确定量点 M₁、M₂。

两点透视中的量点 M₁、M₂ 同一点透视中的距点 D₁ 一样，也是测量进深的辅助点。找出 V.P₁、V.P₂ 的中点 C，以点 C 为圆心，画弧交 AB 延长线于 O 点，以 V.P₂ 为圆心，V.P₂ 与 O 的连线为半径画弧与 H.L 相交得到点 M₁；以 V.P₁ 为圆心，V.P₁ 与 O 的连线为半径画弧交 H.L 于点 M₂。

步骤 3：初步定出室内空间界面。

由 V.P₁、V.P₂ 分别向墙角线两个端点 A、B 作透视线将房间的顶棚、地面和左右两个墙面表示出来（图 3-19）。

步骤 4：求取进深尺寸。

过 B 点作基线 G.L，并把进深尺寸等分在基线上。分别由量点 M₁、M₂ 向 G.L 的各点引线，在 V.P₁ B 和 V.P₂ B 的透视延长线上交得各点，也就是将进深尺寸落实到两侧墙面与地面的交线上（图 3-20）。

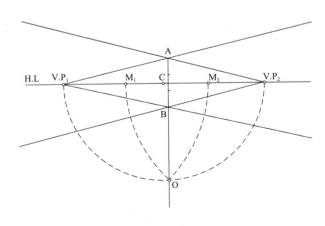

图 3-19
室内空间界面的确定

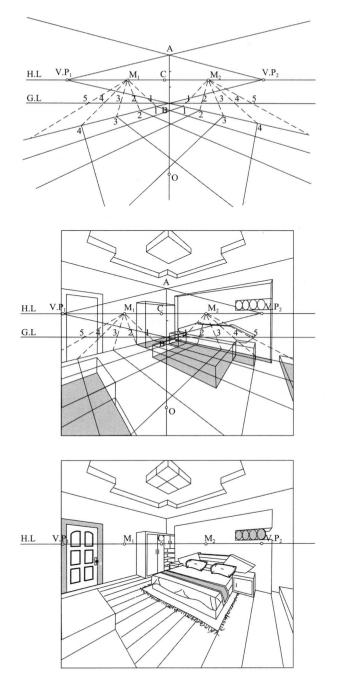

图 3-20
进深尺寸的求取

图 3-21
通过透视网格制作室
内空间

图 3-22
量取高度尺寸

步骤 5：作透视网格，定出室内环境透视平面。

分别由各个等分点向 V.P₁、V.P₂ 作透视线，即作出透视地网格。在地网格中分别找出家具等的平面位置，并分别作竖垂线（图 3-21）。

步骤 6：量取高度尺寸，完成整个空间透视。

由真高线定出家具、天花板等高度尺寸，分别向左右消失点 V.P₁、V.P₂连线，画出细部，即用量点法作出室内成角透视图（图 3-22）。

3.2.3　透视的角度与构图

　　当视点、画面、物体三者的位置不同时，形体的透视图将呈现不同的形状。人们要求画出的透视图应当符合观察者处于最适宜位置观察形体时所将获得的最清晰的视觉形象。这三者的相对位置不能随意确定，否则就不能准确反映设计者的设计意图。

　　1.视高的选择

　　视平线高度的选择是影响透视效果图的关键因素，我们可以利用视高来调整表现效果，突出表现主体。一般成人的眼睛距离地面的高度，也就是人眼睛平视前方的高度是1.5m（女）～1.7m（男）左右，视高低于这个区间，给人的视觉效果是仰视，高于这个区间则是俯视。在室内外透视图中，我们常选择平视，但是在具体绘图时，要根据我们想要表达的重点和效果来定。在室内空间透视效果图中（图3-23），如视平线的高低不同，图中所表达的侧重点也不同。视平线高，视觉中心就会相应的偏低，甚至会降至地面，不能清晰地表达室内空间布局，而且图中表达的物体的面就会增多，显得空间较为复杂；同理，视平线过低，视觉中心会提高，适合表现公共空间，视觉效果宽阔、大气。但是视高过高或者过低都不符合人的视觉规律，给人空间的不稳定感，也会产生透视变形。而在建筑透视图表现中（图3-24），我们应根据建筑物的性质、用途来决定视平线高低，如绘制纪念碑透视图视平线应低，以显示它的宏伟高大；绘制建筑群的鸟瞰透视图视平线应选择的高一些，看得广阔，尽可能反映全貌。切忌将视平线高度定在房屋高度的正中，避免呆板。

　　2.视角的选择

　　在画透视图时，人的视野可假设为以视点E为顶点的圆锥体，它和画面垂直相交，其交线是以C.V为圆心的圆，圆锥顶角的水平、垂直角为60°，这是正常视野作的图，不会失真。在平面图上，在视角为60°范围以内的立方体、球体的透视形象真实，在此范围以外的立方体、球体失真变形，其中左右视野范围在左右各30°以内都较为清晰，而上下的视野范围则在上30°以内和下10°以内较为清晰（图3-25）。

　　3.视距的选择

　　当物体与画面的位置不变，视高已定，在室内一点透视图中，当视距近时，画面小；当视距远时，画面大。在立方体的两点透视中，当视距近时，两消失

图3-23
视高对室内空间环境
表达的影响

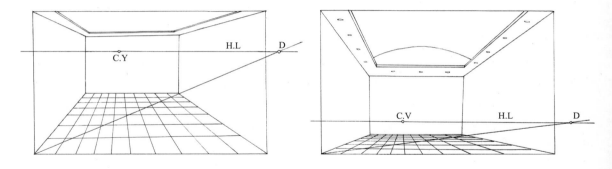

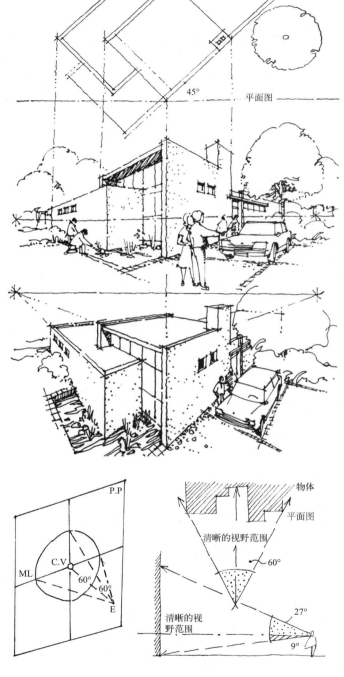

应用示例

45°　平面图

图 3-24
建筑表现中视点高低的
差别对比（来源网络）

物体

平面图

清晰的视野范围

60°

P.P

C.V

ML

60° 60°

E

清晰的视
野范围

27°

9°

图 3-25
人的视点角度分析

点之间的距离较小；当视距远时，两消失点之间的距离大。即视距越近，物体
的两垂直面缩短越多，透视角度越陡，画出的透视图会出现失真现象；视距越
远，物体的两垂直面缩短越小，透视角度越小，透视图空间感、立体感都不强
（图 3-26）。

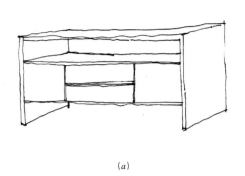

(a)

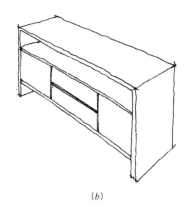

(b)

图 3—26
视距的选择
(a) 视距过远，视锥
角过小，灭点过远；
(b) 视距过近，视锥
角过大，灭点过近

4. 视点位置的选择

视点位置的选择应保证透视图有一定的立体感，若物体与画面的位置不变，视角已定，还需要考虑立点的左右位置，其位置选择应保证能看到一个长方体的两个面，可左右移动来获得。不宜偏左或偏右过多，否则会出现失真现象，使图形不完整。在室内一点透视中，视点的位置决定了心点的位置，所以心点在视平线上的位置不同会带给整个空间不同的透视效果。如果心点偏左，则空间的视觉中心会向右偏移，移到右墙面上；同理，如果心点偏右，则空间的视觉中心就会转移到左墙面。所以，我们在画室内一点透视时，往往不会将心点定在中间，避免透视图平淡、单板、无重点，而是根据实际需要选择偏左或偏右（图 3—27）。

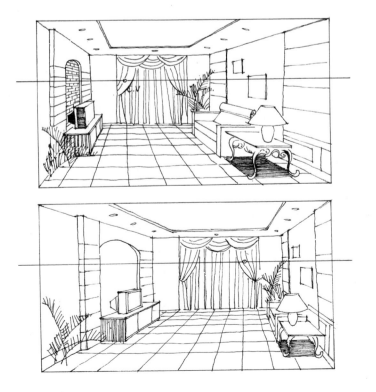

图 3—27
不同视点位置对空间
的影响

3.3 空间层次的处理

对一些相对复杂的空间场景而言，其构图应有层次变化，包括近景、中景和远景。从透视的角度分析，不同距离的环境表现和刻画的深度是不同的，处理不好这种变化，画面容易出现生硬、平淡、拥挤、失调等缺点。

3.3.1 近景处理

近景在整个画面当中一般属于配景，其地位是从属性的，不能喧宾夺主，配景不宜多，宜采用局部处理的手法，例如近景当中的陈设绿化，应大致勾画出花草的枝叶形状，既不喧宾夺主，又能渲染季节气氛，使画面具有生机。

近景还可以用来加强画面的空间感和透视感。结构画面有意靠近某些物体，可利用其形体大小与后面的物体形成明显的大小对比，以调动人们去感受画面的空间距离，画面的视觉效果就如同有了纵深轴线，使人感觉不再是平面。

近景还有均衡画面的作用，我们在画面上发现空缺不均衡的时候，例如室内可选择绿化、灯具等陈设品，室外空间可选择树木、花草、山石作为前景，达到稳定、均衡的作用（图3—28）。

图3—28
近景绿化的局部处理
（王夏）

3.3.2 中景处理

中景一般表现的是空间中的主体物，即画面的中心，是我们设计图中需要重点表现的部分。室内空间中的中景一般是指某个界面或者某组家具的处理，室外空间中的中景一般指建筑、景观小品等重点表达的景观对象。画图时应该根据前述的透视图画法选择合理的构图方法重点描绘，加强明暗、细节、材质、色彩和体积感的刻画（图3—29）。

3.3.3 远景处理

室内空间中的远景包括后墙面、大型家具以及门窗，室外空间中的远景一般指树丛、云山、天空。无论是室内还是室外，远景都给人一种后退

图 3-29
画面中间的会议桌是
表现主体，应重点表
现（王夏）

图 3-30
阳台、外景等远景简
化处理（王夏）

感，在表现上要虚一些、灰一些。在内容上宜简化处理，只需要画出轮廓
线条，与主体形成对比，使主体的立体感、空间感以及视觉上的冲击都加强
（图 3-30）。

3.4 透视构图中主体对象的确定

  对于设计作品而言，任何一个空间环境都有一个设计的主体部分，否则
就会出现物体毫无秩序地杂乱堆砌，主次不分、毫无章法，更无设计可言。因
此在用图纸表达设计意图时，必须处理好以下几个关系：主体对象与配景部分
的关系；主体对象同背景的关系；主体对象同地面的面积关系。在具体的设计
过程中需要将空间环境中的各组成部分以合理的面积进行有机组合，并且通过
视觉中心、虚实、明暗、疏密等手法对主体对象进行细致刻画、强调突出，从
而对配景部分在表现程度上进行削弱。这样，才能做到画面有主有次、重点突
出、层次分明，使画面更具有吸引力。

在透视图的构图中，我们首先考虑的就是如何表现设计主体，使其在画面上的位置恰到好处。要做到这一点，需要选择合适的透视角度，精心设计、提炼空间环境内容，并予以取舍，突出重点。搭配得当便会取得既统一又集中的良好效果。具体方法如下：

（1）主体对象占据画面中心，以显示其核心地位。如果将画面分成三等分，画面主体可以占三分之二左右。

（2）在整个画面中将主体部位的明暗对比通过线条、色彩等方法进行加强处理。

（3）重点部位细致刻画，突出其色彩、光影效果以及材质搭配，削弱对配景部分的刻画。

（4）主体对象宜多用高纯度、高明度的对比色来加强其视觉效果，其他部位可用低明度、低纯度的类似色进行简化（图3—31）。

图3—31
桌椅、吧台等主体对象重点刻画（王夏）

3.5 透视构图中配景的选择

3.5.1 配景不要等分画面，喧宾夺主

我们一般会将主体部分定在接近于画面中间的位置，使主体对象处于画面的主要地位。注意此处不应大量渲染空间环境中的配景部分，配景更不能遮挡主体物，避免出现喧宾夺主的现象。要确保主体对象不被从属部分干扰，同时选择合适的位置将配景元素布置于画面中，起到突出主体、烘托气氛的作用。

3.5.2 配景不要过于对称，单调呆板

在选择透视角度的时候，应该注意空间环境在画面中不宜过于对称，否则会给人造成画面单调呆板、没有主次、没有动感的视觉感受。所以，在透视构图中，在确保整体画面基本均衡的前提下，应根据设计意图适当调整透视的角度，并灵活调整画面中的景物，使画面重点突出、层次分明、内容丰富。

3.5.3 配景构图时不要轻重失衡

透视图中以主体物为画面中心，其他部分分布于主体物的周围，以衬托画面，达到画面的统一与完整。所以在构图时应以主体物为中心，将其他部分选择适当的近大远小的效果，在适当的位置布置，达到画面的稳定均衡。

3.5.4 配景不能孤立，应与设计意图保持一致

设计主体的风格形态会影响、制约着配景的表现，如果主体设计对象为中式古典风格，则配景也须以中式古典陈设为主；如果设计表现图视角开阔，呈鸟瞰全局的状态，则配景也应该以简洁为主；如果设计主体的形态新颖时尚，则配景也要在人物衣着、造型、家具、陈设品等细节符合时代文明的特质，让读者感受到这是前沿的设计。

总之，任何配景只要添加到图面中就应该严谨对待，不能马马虎虎、敷衍了事，因为无论哪种配景，任何一个细节都应突出设计主体，表现设计效果（图3-32）。

图3-32
绿化陈设等配景适当
布置，保持画面均衡
（王夏）

3.6 对线稿的整体处理

在室内设计的过程中，选择合适的透视方法和透视角度将设计构思表达在图纸上是设计的首要环节。这个环节的完成要求设计师的透视图线稿轮廓线

清晰、准确，而且要将物体的质感和立体光影效果表现出来。

　　透视图中勾线使用的工具以针管笔、钢笔、签字笔为主，因一次性针管笔使用方便、线条流畅且不易弄脏画面，所以现在较为常用。要准备几种型号，如0.1、0.3、0.5、0.8和1.0，有了线形的变化，画面才会丰富，层次也更分明。

　　对于线稿的处理和完成并没有巧妙的技巧可言，长期的勤奋练习是提高技艺的基础。从主体对象入手，可用0.5型号的针管笔勾勒轮廓线，从主体向周围延伸，用0.3的针管笔画前景，0.1的笔画远景。先近后远，避免不同的物体轮廓线交叉。线条要求用笔流畅、一气呵成，切忌犹豫不决、反复描摹。

　　在这个过程中，用0.1的针管笔将物体的阴影、明暗对比表现出来，线条组织排列要有规律，切忌凌乱无序，排列方向和疏密程度要根据对象的特点和明暗对比来选择。主体对象要有最细腻的影调、最强烈的对比，逐渐向外削弱，甚至留白（图3-33）。

图3-33
空间的明暗对比

3.7 空间透视的写生练习

3.7.1 室内环境

一点透视和平行透视的概念相近，绘制之前首先需要分析空间，找出墙脚点以及空间线，先定好室内环境的轮廓，再在这个基础上充实画面。在选择空间角度时需要考虑正常的视角，以黄金分割点作为透视视角为最佳（图3-34～图3-36）。

图3-34
室内环境写生一

图3-35
室内环境写生二

图 3-36
室内环境写生三

3.7.2 室外环境

1. 一点透视（图 3-37 ～ 图 3-40）

2. 两点透视

两点透视也被称之为成角透视，它和一点透视相比由于需要考虑两个灭点，因此它的难度相对较高，两点透视多表现室外环境以及建筑外轮廓，绘制两点透视或多点透视之前均需确定视图的几个参照点，以此作为确定画面透视的参照区域（图 3-41、图 3-42）。

图 3-37
室外环境写生（一点透视）一

图 3-38　室外环境写生（一点透视）二

图 3-39　室外环境写生（一点透视）三

图 3-40 室外环境写生（一点透视）四

图 3-41 室外环境写生（两点透视）一

图 3-42 室外环境写生（两点透视）二

环境艺术表现技法

4

单元4 作品学习

4.1 钢笔画表现

图 4-1　局部的墙体留白和少量排线的组合让整个空间变得富有层次

图 4-2　基于一点透视的线条练习

图 4-3　对局部空间进行排线的叠加处理有利于体现整个画面的层次关系

图 4—4
大量的排线进行叠加
可以形成水体效果

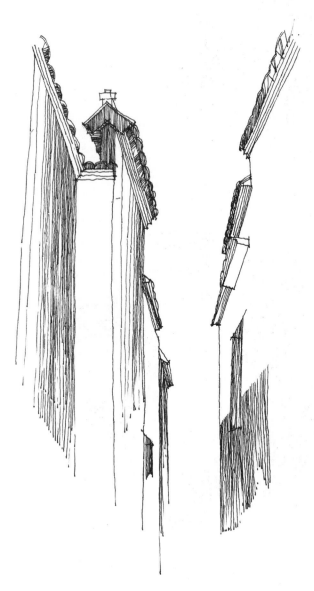

图 4—5
线条在徽派建筑中的
应用

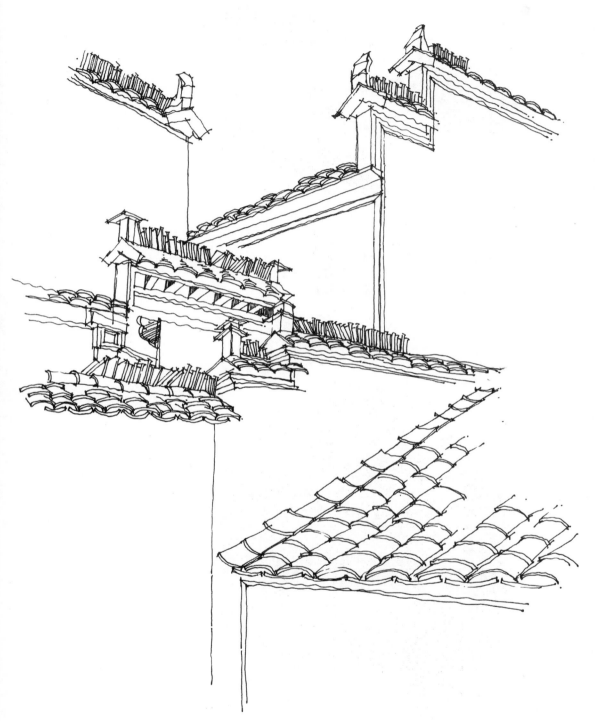

图 4-6a　通过透视点定好整个空间画面的轮廓

图 4-6b　马头墙与屋顶檐口的层次关系

图 4-6c　复杂古建筑的细部表现

图 4-7　由若干线条组成的画面主体一

图 4-8　由若干线条组成的画面主体二

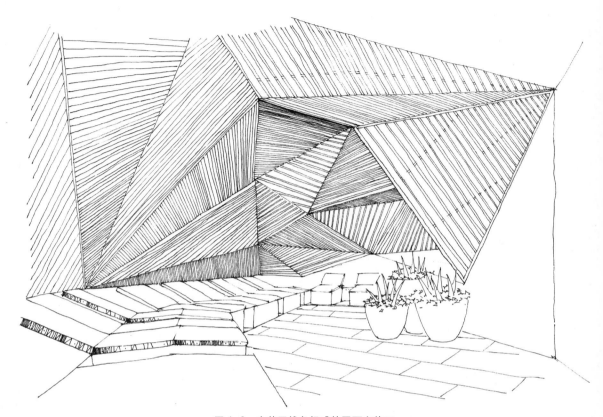

图 4-9　由若干线条组成的画面主体三

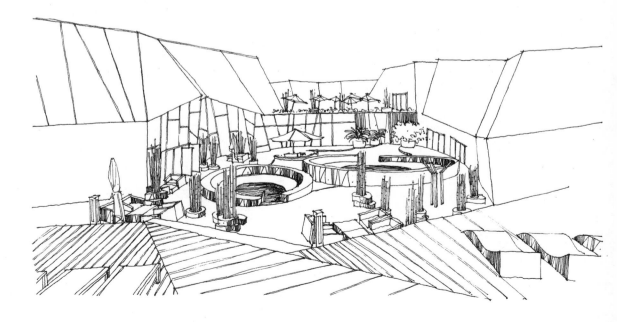

图 4-10　通过排列的线条突出中间主体

图 4—11 楼梯的扶手、装饰隔断以及散置的碎石均需着重表现，这些物体的细节是丰富画面的主要元素

图 4-12　客厅的钢笔线条表现

图 4-13　由厨房延伸至客厅的一点透视

图 4-14　夸张透视视角的空间表现

图 4-15　复杂空间的一点透视

图 4-16　商业空间的一点透视

图 4-17　室内空间的钢笔表现

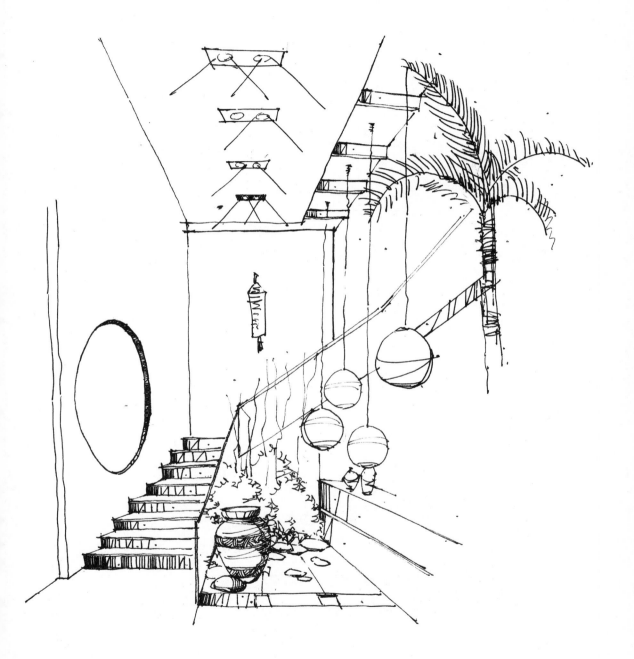

图 4-18 餐饮空间的楼梯拐角设计

图 4-19　夸张、变形的两点透视

图 4-20　餐厅设计

图 4-21　客厅设计

图 4-22　中式主题餐厅的空间环境设计

图 4—23　室内空间设计

图 4-24 展示空间的休息区设计

图 4-25 大量的排线设计可以突出表现物体的原有质感（张杰）

图 4-26　顶部与地面的层次对比（张杰）

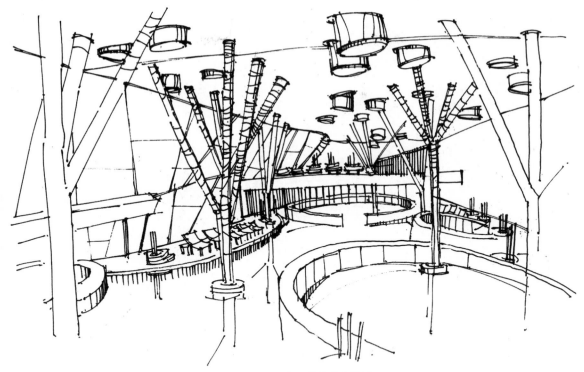

图 4—27　室内空间环境的写生示例一

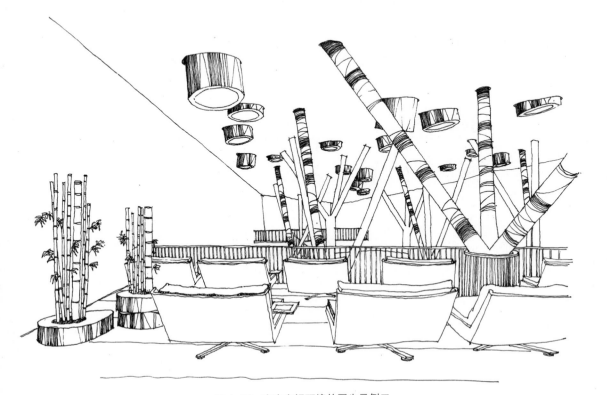

图 4—28　室内空间环境的写生示例二

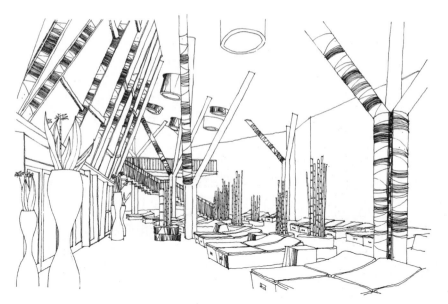

图 4—29
室内空间环境的写生
示例三

图 4—30
建筑外部的空间环境

图 4—31
未添加明暗的线条空间

图 4—32
室外环境写生

图 4-33 建筑外环境的空间表现

图 4-34 钢笔笔头虚实的变换以及局部留白是处理徽派建筑常用的绘图技法

图 4-34　钢笔笔头虚实的变换以及局部留白是处理徽派建筑常用的绘图技法（续）

图 4-35　室外环境的表现需要在把握整体透视的框架下再丰富各个局部

图 4-36　通过均匀的力度勾勒画面，然后找出空间环境的重点进一步刻画

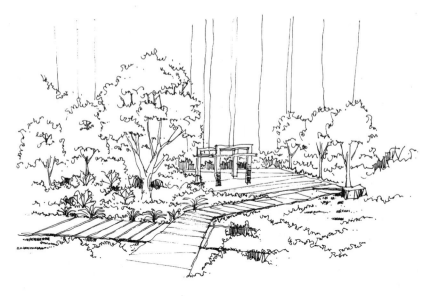

图 4-37
根据空间主体的不同需
要及时更新线条的表现
手法

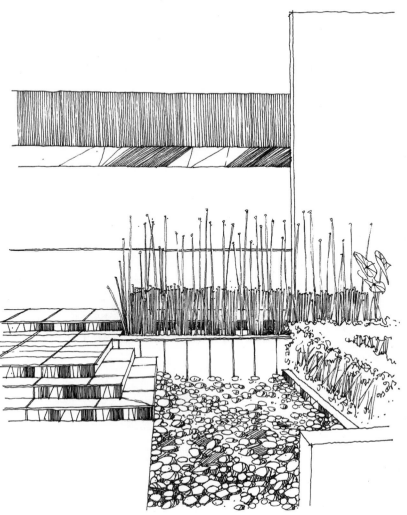

图 4-38
别墅入口的景观

图 4-39　公园绿化的空间表现

图 4-40　建筑和周边环境的线条表现

图 4—41　公共建筑的外环境空间

图 4-42　在对空间主体进行描述的同时需要注意线条的组织，还要兼顾线条的虚实相间、紧疏得当

图 4-43　水体与乔木的枝叶是表现的重点，因此，在把握透视关系的前提下需要着重对这两个物体进行刻画

图4-44 以正常人的视觉高度确定好轮廓线，在这个基础上把河流、沿岸的绿化植物进行填充和细化

图 4-45 表现性透视图的两点透视

图 4-46 表现植物、家具以及建筑所需的不同力度的线条

图 4-47 住宅内部的景观一角

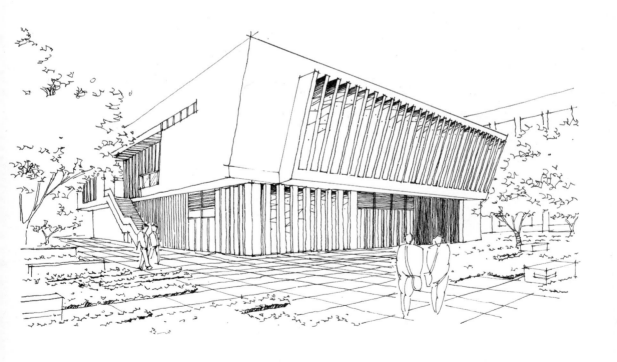

图 4-48 大型建筑与室外景观环境的手绘表现

图 4-49 户外的钢笔线条写生练习

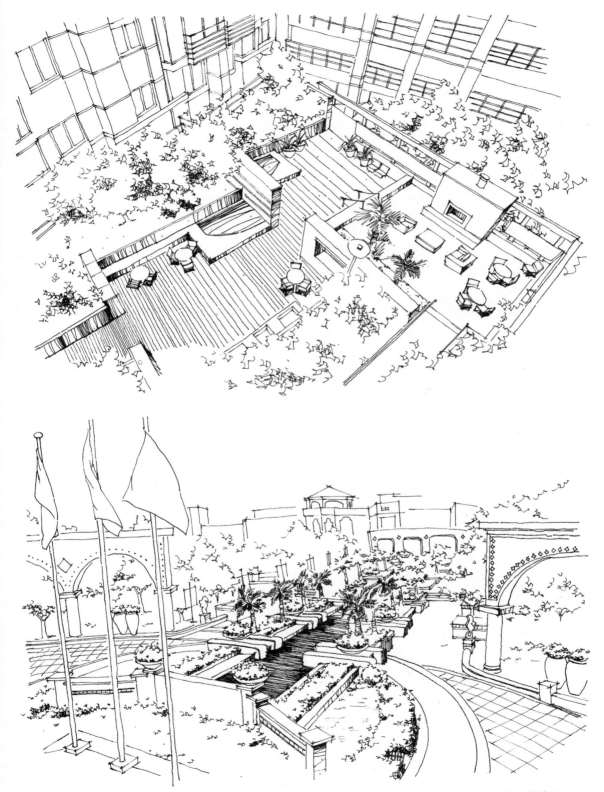

图 4-50　鸟瞰图中的水体与植物的钢笔表现较难把握，这两者需要若干层次的覆盖才会取得较好的立体效果

图 4—51 轻松活泼的植物线条可以增加空间的灵动感，打破原有的僵化视角

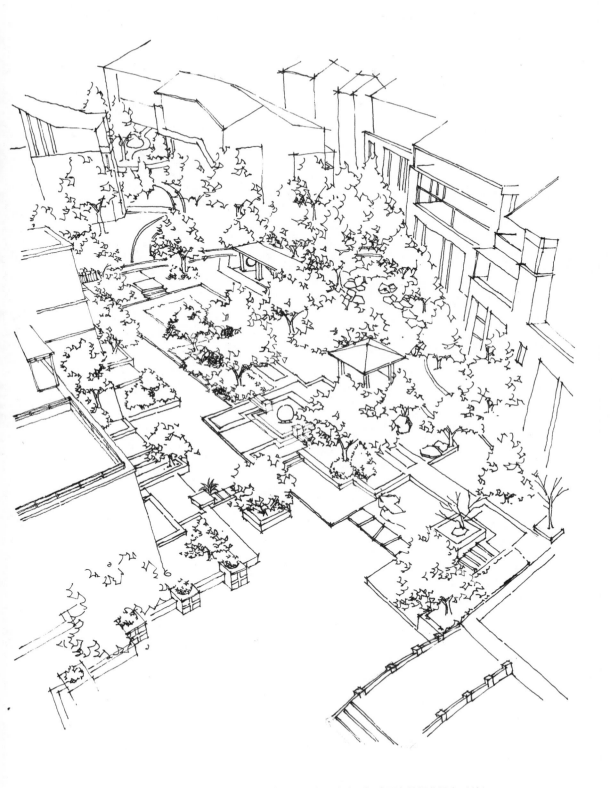

图 4-51 轻松活泼的植物线条可以增加空间的灵动感，打破原有的僵化视角（续）

图 4-52　步行商业街的景观装置

图 4-53　多方向的空间透视表现

4.2 色彩的综合性表现

图 4-54 结合马克笔与彩铅的效果图表现（李月民）

图 4-55 色彩对比强烈的庭院景观设计（宋义红）

图 4-56 办公空间效果图设计

图 4—57　多层空间的景观表现（李月民）

图 4—58　餐饮空间的效果图设计

图 4-59　马克笔表现的外环境设计

图 4-60 钢笔画的线稿结合计算机和马克笔绘制出有一定笔触的景观效果（宋义红）

图 4-61　住宅的景观设计效果图（宋义红）

图 4—62
计算机结合马克笔的
效果图表现（宋义红）

图 4-63　室内空间的马克笔表现（张峥）

图 4-64　结合水彩与马克笔于一体的效果图表现

图 4-65　水彩与水粉的效果图表现

参考文献

[1] 逯海勇，胡海燕，周波．建筑室内手绘表现技法与实例 [M]．北京：化学工业出版社．

[2] 丁春娟，李淼，等．建筑装饰手绘表现技法 [M]．北京：中国水利水电出版社．

后　记

　　手绘已经成为我工作和生活的一部分，在平常的工作中，我经常借助生活的场景进行概括性的描绘，开会、出差、思考等闲暇之余，我也会通过排列的线条练习，寻找线与线之间的层次关系，还会尝试长线条的练习，寻找这种看似简单，却与某种生命的节奏相似的韵律。

　　手绘犹如写字，体现的是一个人的性格脾性，在手绘写生的过程中，它教会我并不是看到什么就要画什么，而是在这个过程当中学会取舍，学会处理，学会把不好表达的客观主体用艺术化的手法表现出来，因此，手绘创作也是一个思考的过程。

　　本书较为详细地介绍了从手绘入门到掌握手绘表达能力的方法，前面章节花了大量文字重点介绍了透视的成因，希望受众能通过文字、插图较快地理解各种透视，并通过大量的基础练习学会驾驭各种线条质感的表达方式，最终，对个人的手绘能力有一个质的提升。